EXTRAIT DU BULLETIN

DE LA

SOCIÉTÉ D'ÉTUDE

DES

SCIENCES NATURELLES

DE NIMES

TRENTE-HUITIÈME ANNÉE

1910

Galien MINGAUD
Conservateur du Muséum d'histoire naturelle

NOTES ZOOLOGIQUES

Sur un Embryon de Castor. Note pour servir à la biologie de ce rongeur. — Les Animaux malfaisants et nuisibles d'après l'Arrêté réglementaire permanent sur la police de la chasse pour le département du Gard. — Etc., etc.

NIMES

Secrétariat au Muséum d'Histoire Naturelle

Imprimerie LA LABORIEUSE, Rue Godin, 7.

PARU EN FÉVRIER 1912

Longueur moyenne du Castor : 1 mètre
Poids moyen : 20 kilos

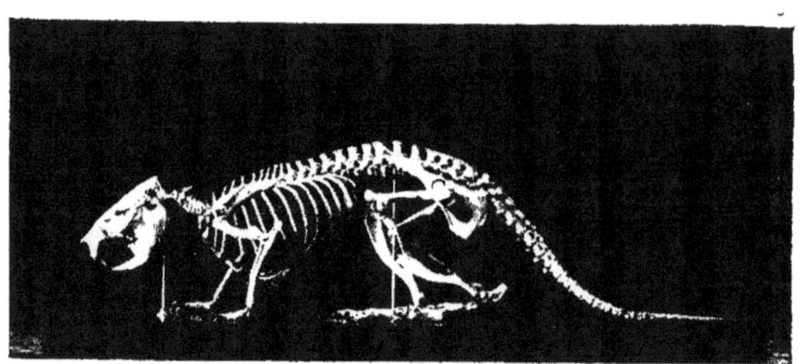

Squelette du Castor adulte

PARASITES DU CASTOR

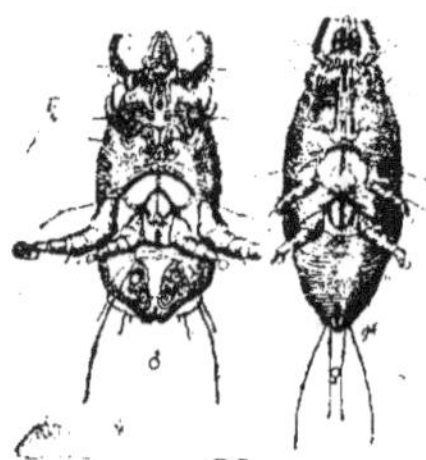

Schizocarpus Mingaudi Tr.,
♂ et ♀ *vus par-dessous,*
très grossis.

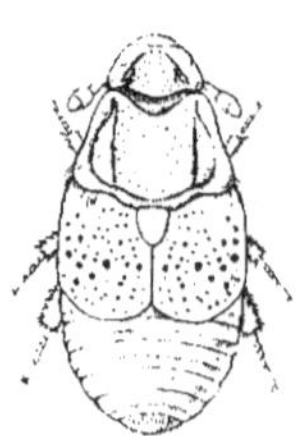

Platypsyllus Castoris Rits.,
très grossi.

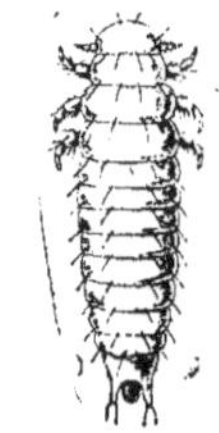

Larve
Platypsyllus Castoris Rits.,
très grossie.

NOTES ZOOLOGIQUES

Par Galien MINGAUD

SIXIÈME FASCICULE

SUR UN EMBRYON DE CASTOR

Note pour servir à la biologie de ce Rongeur

M. Julien Ferrand, taxidermiste à Nimes et préparateur du Muséum, reçut, le 29 mars 1910, pour la naturaliser, une Castore qui avait été trouvée noyée dans un filet de pécheur placé en travers du Gardon, entre Comps et Montfrin. Il voulut bien me prévenir pour assister à l'autopsie. Tout d'abord, je m'assurai du poids de la bête ; il était de 25 kilog. C'était donc une belle femelle adulte. Je la mesurai ensuite ; elle avait 1 m. 22 cent. du museau à l'extrémité de la queue, et la queue seule 32 cent. de longueur sur 14 cent. de largeur.

Malgré un peignage méticuleux, M. Ferrand et moi ne trouvâmes aucun *Platypsyllus*. Cela tient probablement à ce que la bête était restée trop longtemps sous l'eau. D'autres Castors que j'ai eus en mains et qui n'avaient séjourné que quelques heures dans l'eau m'avaient toujours donné des *Platypsillus* (1).

Dès que la Castore fut ouverte, j'eus soin d'enlever les po-ches à Castoréum qui pesèrent 170 gram. J'ai observé qu'à poids égal des sujets, les poches à Castoréum de femelles sont toujours plus lourdes que celles des mâles (2).

---

(1) G. MINGAUD ; Le Castor du Rhône et ses parasites (*La Nature*, 1905, p. 118-119. — *Bull. Soc. Etude Sc. Nat.*, Nimes, 1905, p. 74-77). — Nouvelles captures de Platypsyllus castoris (*Feuille des Jeunes Naturalistes*, 1905, p. 161-162. — *Bull. Soc. Etude Sc. Nat.*, Nimes, 1905, p. 85-87).

(2) G. MINGAUD : Perte de poids à l'air libre du Castoréum du Rhône (*Journal de Pharmacie et de Chimie*, 6ᵐᵉ série, tome V, 1897, p. 392-395. — *Bull. Soc. Etude Sc. Nat.*, Nimes, 1897, p. 74-77. — 2ᵐᵉ Note, *Bull.* 1899, p. XLVII-XLVIII).

Puis, continuant l'opération du dépouillement, M. Ferrand trouva dans la matrice un petit *embryon*. Je m'empressai de le débarasser de sa poche amniotique, de le peser et de le mesurer. Il pesait *43 gram.* et avait *11 cent. de longueur.* Cet embryon, à mon avis, pouvait avoir un mois de gestation. Il était d'un rouge rosé.

J'adresse ici tous mes remerciements à M. Julien Ferrand, qui a offert cette pièce rare au Muséum.

Il y a quelques années, en mai 1905, j'eus la bonne fortune de trouver dans une Castore un *fœtus à terme qui pesait 725 gram. et mesurait 35 cent.* (1).

Voilà donc, à cinq ans d'intervalle, deux observations de *petit unique* chez une femelle de Castor. Ainsi que je le faisais remarquer en 1905, les renseignements que nous possédions sur le nombre de petits, sur la durée de la gestation et sur l'époque où la Castore met bas, manquent d'exactitude.

On peut aujourd'hui tirer un enseignement des deux cas que je viens de citer ;

1º D'après cet embryon d'un mois ? *43 gram.* (29 mars) les Castors du Rhône s'accoupleraient en février ou mars.

On sait que chez les animaux le développement de l'embryon est lent pendant la première période de la gestation, mais à partir du milieu de la gestation et jusqu'au moment de son expulsion hors de la matrice, le fœtus se développe très vite, c'est ce qui explique cette grande différence entre le poids de *l'embryon à un mois ?* 43 gram., et le poids du *fœtus à terme, trois mois,* 725 gram.

2º D'après le fœtus à terme, 725 gram. (11 mai), la Castore mettrait bas en mai.

3º La durée de la gestation serait donc d'environ trois mois.

4º Le nombre de petits serait de *un* par portée.

Pourtant, quelques auteurs, dont je ne veux mettre en doute la bonne foi, ont écrit que la Castore faisait de deux à quatre petits, mais sans mentionner aucun fait précis ; ce n'est que par des on-dit qu'ils se sont transmis des uns aux autres, et moi-même d'après le récit que m'en avaient fait quelques personnes m'assurant les avoir vus, j'ai publié que la Castore avait de deux à trois petits (2).

(I) G. MINGAUD : Sur un fœtus à terme de Castor (*Bull. Soc. Zoologique de France,* tome XXX, 1905, p. 112-113. — *Bull. Soc. Etude Sc. Nat.,* Nîmes, 1905, p. 83-83.

(2) D'ailleurs, je n'ai d'autre but ici que celui d'attirer l'attention sur le nombre exact de petits que la Castore met bas. Devant l'impossibilité où je suis de

Par conséquent, tenons nous en, jusqu'à de nouvelles observations sûres et précises, à *Castore unipare*, bien que cela paraisse extraordinaire, la Castore, avec ses quatre mamelles, pouvant allaiter au moins deux petits. (1)

C'est précisément cette reproduction, très faible pour un rongeur, qui est une des causes de la disparition graduelle de l'espéce, et c'est ce qui m'a incité, il y a de nombreuses années (1896), à solliciter des Pouvoirs publics la protection du Castor du Rhône (2). C'est chose faite depuis 1909. Le Castor est protégé maintenant ainsi que le porte l'arrêté règlementaire permanent sur la police de la chasse, art. 11. *La chasse, la destruction et la capture du Castor sont interdites toute l'année.* Malheureusement cela n'empêche pas que, par amour du gain, il se trouve encore quelquefois des personnes qui recherchent ou font détruire le Castor.

Avril 1910.

---

compulser en toutes langues les travaux publiés sur la biologie de cet intéressant rongeur, je prie les zoologistes de vouloir bien m'excuser si j'ignore des études faites sur le même sujet. Quoiqu'il en soit, celle-ci aura son utilité, je l'espère, en ce sens qu'elle pourra appeler d'autres observations.

(1) Ce que nous connaissons le moins, c'est la biologie de quelques-uns de nos propres animaux sauvages, le Castor en est un exemple et j'ajoute la Genette dont j'ai fait connaître, il y a 17 ans (*Bull. Soc. Etude Sc. Nat.*, Nimes, 1893, p. XXXV — 1894, p. 136-138) le nombre de petits à l'état sauvage d'après ce que j'avais vu chez M. J. Ferrand, qui venait de naturaliser une femelle de de cet élégant carnassier avec les *deux* petits à terme qu'il avait trouvés dans sa matrice.

(2) G. MINGAUD : La protection du Castor du Rhône (*Bull. Soc. Etude Sc. Nat.*, Nimes, 1896; *Bull. Mus. Nat. Hist. Nat. de Paris*, 1907; *Congrès des Sociétés Savantes*, session de Montpellier, 1907; *Bull. Soc. Etude Sc. Nat.*, Nimes, 1907).

Les animaux malfaisants et nuisibles d'après l'arrêté règlementaire permanent sur la police de la chasse pour le département du Gard.

L'arrêté règlementaire permanent sur la police de la chasse contient, on le sait, la nomenclature des animaux malfaisants et nuisibles dont la destruction est autorisée en tout temps, mais à mon avis, cette liste d'animaux, qui est la même pour toute la France, mériterait d'être modifiée, sinon pour chaque département, du moins par régions déterminées, en ce sens que tel animal qui ne se trouve que dans le midi n'a pas besoin d'être mentionné dans les départements du nord et vice-versa.

Or, avec le concours des Conservateurs de Muséums, de naturalistes et de chasseurs, cette liste serait facile à établir et désormais l'arrêté en question ne porterait simplement que les noms des animaux malfaisants et nuisibles existant dans telle ou telle région (1).

Par exemple pour le département du Gard, il y aurait lieu de supprimer de la nomenclature officielle quelques mammifères (les seuls animaux qui font l'objet de cette note), attendu qu'ils n'y existent plus, en y maintenant toutefois ceux qui y sont extrèmement rares.

Mais auparavant il est bon de s'entendre sur les termes de *malfaisants* et de *nuisibles.*

Selon la jurisprudence, l'animal *malfaisant* est celui qui est essentiellement et toujours nuisible par ses mœurs et

---

(1) On sait que rien n'est vague et arbitraire comme la distinction des animaux des champs et des forêts en animaux nuisibles ou en animaux utiles. Les appréciations de cette nature varient suivant les temps et les lieux ; plus d'une espèce autrefois réputée nuisible a été depuis lors réhabilitée et déclarée utile; et dans plus d'une contrée, telle autre poursuivie comme dangereuse, est ailleurs jugée indifférente, si même elle n'est pas protégée pour son utilité.

qui est d'ailleurs impropre à l'alimentation. A cette catégorie appartiennent tous les carnassiers nuisibles au gibier: le *Loup*, le *Renard*, le *Chat sauvage*, la *Fouine*, le *Putois*, la *Genette*, la *Loutre*, *le Blaireau*, l'*Ours*, etc. (1)

On considère comme animal *nuisible* celui qui ne devient une cause de véritable dommage que par sa multiplicité et qui peut servir à la nourriture de l'homme ; le préjudice que celui-ci en éprouve excède alors l'utilité qu'il peut en tirer, c'est alors un animal ayant le caractère de gibier, tels sont : le *Lapin*, le *Cerf*, le *Daim*, le *Chevreuil*, le *Sanglier*.

Voici la liste, telle qu'elle est donnée pour toute la France, dans l'arrêté règlementaire permanent sur la police de la chasse.

ANIMAUX MALFAISANTS ET NUISIBLES. — QUADRUPÈDES (2)

Le **Loup.**	Le **Roselet.**
Le **Renard.**	Le **Putois.**
Le **Chat sauvage.**	La **Loutre.**
Le **Chat haret.**	Le **Blaireau.**
La **Civette.**	L'**Ours.**
La **Genette.**	L'**Écureuil.**
La **Marte.**	Le **Lapin.**
La **Fouine.**	Le **Sanglier.**
La **Belette.**	

Or, quiconque possède quelques notions de zoologie pratique, remarque tout de suite que les animaux dont le nom est souligné sont actuellement inconnus dans notre département : le *Loup*, la *Civette* et l'*Ours* ; ou y sont fort rares, comme le *Chat sauvage*, la *Marte*, le *Roselet* ou Hermine.

En effet, le LOUP (*Canis lupus* Lin.) n'existe plus chez

___

(1) D'une manière générale, tous les carnassiers sont des animaux de rapine, c'est-à-dire doués de beaucoup de vigueur, de souplesse et d'agilité, mais il n'en est pas moins vrai que quelques-uns se rendent utiles à l'agriculture par la quantité de petits rongeurs qu'ils détruisent, tels que loirs, mulots, rats, souris, campagnols, etc., sans compter les larves, chenilles et insectes qu'ils dévorent.

(2) Dénomination qui n'a presque plus cours aujourd'hui car elle s'applique à tout animal ayant quatre pattes, que ce soit un mammifère, une tortue, un lézard, une grenouille.

On appelait autrefois *Quadrupèdes vivipares*, les mammifères et *Quadrupèdes ovipares*, les chéloniens, les sauriens et les batraciens.

nous. Depuis 23 ans, l'espèce en a tout à fait disparu. Le dernier fut tué le 20 août 1887 dans la commune de Bouquet, arrondissement d'Alais (1).

Un fort beau sujet de cet animal figure dans les vitrines du Muséum. Il fait partie de la collection zoologique Crespon (2). Celui-ci fut tué dans les environs de Saint-Gilles en 1841.

Les auteurs qui ont écrit sur l'histoire naturelle du Gard au commencement du XIXᵉ siècle, mentionnent que le Loup était assez rare à cette époque, et plus rare encore le RENARD (*Canis vulpes*, Lin.). Aujourd'hui ce dernier y est très abondant malgré la chasse qui lui est faite, soit au fusil, soit au moyen de pièges, ou par l'emploi d'appâts empoisonnés.

On a remarqué qu'aux endroits où le Loup s'était créé un

----

(1) G. Mingaud. — Notes pour servir à l'histoire des Loups dans le département du Gard et les départements limitrophes depuis 1880 jusqu'en 1892. *Bull. Soc. Etude Sc. Nat. de Nimes,* 1893.

(2) Jean Crespon. — Faune méridionale ou description de tous les animaux vertébrés, vivants ou fossiles, sauvages ou domestiques, qui se rencontrent toute l'année ou qui ne sont que de passage dans la plus grande partie du midi de la France, suivie d'une méthode de taxidermie ou l'art d'empailler les oiseaux. 2 vol. in-8, XXXVIII-322, IX-355 pages et 1 vol. de planches. Nimes,1844.

Jean Crespon, naturaliste distingué, naquit à Nimes le 14 octobre 1797 et y mourut le 1ᵉʳ août 1857. Il fut le fondateur du Cabinet de Zoologie, si populaire de son temps — tous les vieux Nimois s'en rappellent — qui exista près de 40 ans au Jardin de la Fontaine, dans une petite maison située à l'endroit même où se trouve aujourd'hui la statue de Jean Reboul et transféré ensuite à la maison du garde.

Les collections Crespon consistaient en sujets montés : Mammifères, Oiseaux, etc., etc. ; elles furent données par sa famille à la ville de Nimes, en 1865. Mais, laissées sans aucun soin pendant 25 ans, beaucoup de sujets furent abîmés, et elles auraient infailliblement disparu petit à petit, si la Société d'étude des Sciences Naturelles de Nimes n'avait pris l'initiative de solliciter de la Municipalité de l'époque (1880) la création d'un Muséum d'histoire naturelle pour la réunion des diverses collections données à la ville par de généreux savants. Ce fut mon vénéré ami et prédécesseur M. Stanislas Clément (1828-1902), président honoraire de notre Société, que M. le Maire désigna pour opérer ce travail ingrat d'appropriation et de classement qui dura 12 ans. Ainsi furent sauvées les dites collections. Les galeries du premier étage du Muséum furent ouvertes au public en 1892 et l'ensemble des collections, comportant trois étages, fut officiellement inauguré en 1895.

A part sa *Faune méridionale,* citée plus haut, Jean Crespon avait publié, 4 ans auparavant son *Ornithologie du Gard et des pays circonvoisins* (1 vol. grand in-8 de XVI-568 pages, Nimes, 1840). Son attention avait été appelée aussi sur les « animaux nuisibles à la prospérité des cultures » et dès 1846 il faisait connaître ses recherches sur les insectes nuisibles à la vigne, aux pommiers et aux mûriers. (*Conférences scientifiques du Gard.* 1ᵉ session, Nimes, 1846). Il publia également ses *Observations sur les insectes nuisibles aux oliviers et des moyens de les détruire* (1 broch. in-12, 15 pages, Nimes, 1847).

cantonnement, le Renard et le Sanglier n'y habitaient plus ;
ils le fuient, car le Loup les chasse pour s'en nourrir.

Le CHAT SAUVAGE (*Felis Catus*, Lin.) est extrêmement
rare dans notre département. Cet animal est essentiellement malfaisant. On en a capturé un récemment dans les
bois de Cabannes, près Nimes. Il fait partie de la collection
de mon ami, M. Louis Clément.

Le Chat sauvage qui habite les bois de nos garigues et
les forêts domaniales, n'est pas, à proprement parler, le
vrai Chat sauvage des grands massifs boisés, bien qu'il en
en possède la robe. Il est beaucoup plus petit, la tête est
moins grosse, la queue égale mais moins touffue. Il me
paraîtrait devoir être le descendant dégénéré du vrai Chat
sauvage, par suite de croisements successifs avec le Chat
vagabond.

Les déprédations commises sur le gibier sont plutôt le
fait du CHAT DOMESTIQUE devenu *errant*, vulgairement *Chat
marron*, que l'on appelle aussi dans le Nord *Chat haret*. Celui-ci déserte la ferme pour aller vivre en maraudeur dans
les vergers et les bois. Aussi, le chasseur ne doit-il pas
négliger d'octroyer à tout Chat surpris en état de vagabon-
dage, une décharge de plomb, le considérant comme un
braconnier fort nuisible. En agissant ainsi, il aura sauvé de
nombreuses pièces de gibier et de petits oiseaux.

Dans quelques localités du Gard, la GENETTE (*Genetta
vulgaris*, Lin.) est appelée Chat sauvage à museau pointu,
à cause de sa robe d'un gris fauve marquée de nombreuses
taches noires, qui rappelle celle du Chat domestique tigré,
ou Chat de gouttière. La Genette est très carnassière.

C'est un fort joli petit animal dont la fourrure était encore
très recherchée il y a quelques années. Ses pupilles sont
en fentes verticales comme celles du Chat.

Ses mœurs sont nocturnes, comme d'ailleurs celles de
la plupart des animaux malfaisants et nuisibles.

La CIVETTE (*Viverra civetta* Lin.) est un carnassier d'Afrique et ne doit pas figurer sur une liste de mammifères de
France. Par suite de quel lapsus son nom figure-t-il parmi
les animaux malfaisants de notre pays ?

La Civette, qui atteint la taille du Renard, est recherchée
pour sa fourrure, qui est très estimée, et pour une subs-
tance odorante appréciée par les Orientaux.

La MARTE OU MARTRE (*Mustela martes*, Lin.) n'a pas,

que je sache, été signalée dans le Gard. Crespon la mentionne comme habitant la région froide des hautes Cévennes. Elle se trouve, en effet, dans les départements limitrophes, Ardèche et Lozère, et y est même rare. Nos paysans et la plupart des chasseurs appellent Marte la FOUINE (*Mustela foïna*, Lin.), en patois *lou Martrë* (1).

La Marte a la *gorge jaune*, tandis que celle de la Fouïne est généralement d'un blanc pur. Les fourrures de ces deux carnassiers sont très recherchées. La Marte habite les régions très boisées. Il se pourrait que, par suite des reboisements que l'Administration des forêts exécute depuis de nombreuses années, en hêtres, en pins et sapins, sur nos hautes Cévennes du Gard, on la capturât un jour. Dans tous les cas, les dommages qu'elle commet en détruisant nids et oiseaux sont compensés par les nombreux petits rongeurs qu'elle supprime : rats, campagnols, souris, mulots, etc.

Le nom de ROSELET est donné, dans le Nord, à l'HERMINE (*Mustela erminea*, Lin.), en pelage d'été ; elle est aussi appelée en cette saison Belette à queue noire.

L'Hermine, dont tout le monde connaît, du moins de nom, la blancheur de la fourrure en hiver, n'a pas, à ma connaissance, été capturée dans le Gard, bien que nos départements voisins, la Lozère et l'Ardèche, la possèdent dans leurs montagnes élevées et froides avoisinant les nôtres.

Avec sa congénère la BELETTE (*Mustela vulgaris*, Brisson), dont la robe est complètement rousse, y compris la queue, ce sont les deux plus petits carnassiers de France dont les mœurs soient les plus sanguinaires ; leur corps,

---

(1) Un autre mustelidé, le FURET (*Mustela furo* Lin.), — qui n'est qu'une variété du PUTOIS (*Mustela putorius* Lin.) domestiqué depuis la plus haute antiquité dans la région méditerranéenne, — n'est pas en faveur parmi les vrais chasseurs de notre région qui considèrent la chasse au fusil comme un sport.

On sait d'ailleurs, que le furetage est interdit dans toute chasse réservée bien dirigée. Fureter et colleter sont deux actes de braconnage.

Le vrai chasseur, en effet, n'éprouve de réel plaisir que lorsqu'il tue maître Jeannot au fusil.

Le furetage, avec bourse, n'est employé pour se débarrasser des lapins que lorsque ceux-ci devenant trop nombreux, commettent des dégâts importants dans les cultures avoisinantes, mais ce n'est guère le cas dans nos garigues ensoleillées et embaumées par les senteurs des plantes odoriférantes qui sont la nourriture de notre lapin de garenne et donnent à sa chair un fumet sans pareil.

de forme allongée et étroite, leur permet de se glisser partout. Elles s'attaquent aux Levrauts, aux Lapereaux et même à des animaux adultes qui se laissent emporter par elles, les saignent et les réduisent ainsi à l'impuissance ; aux couvées, dont elles détruisent, soit les œufs, soit les jeunes. D'un autre côté, elles rendent d'incontestables services à l'agriculture en dévorant une grande quantité de petits rongeurs, mais comme leurs services sont loin, malheureusement, de compenser leurs méfaits, on doit les proscrire sans pitié.

Mon regretté maître et ami, M. le professeur Valéry Mayet, de Montpellier, avait coutume de dire : « Il n'y a pas d'animaux méchants ; il y a des animaux qui ont faim et qui se défendent. »

Quant à l'Ours brun (*Ursus arctos*, Lin.), des documents authentiques ont mentionné sa présence dans les Cévennes du Gard jusqu'au XVIe siècle, mais depuis cette époque sa race y est éteinte (1). Il est actuellement relégué sur les hautes montagnes des Alpes et des Pyrénées. Cet Ours n'est point le descendant de celui dont on retrouve les ossements dans les cavernes quaternaires de notre pays (2).

Les autres Mammifères mentionnés dans la nomenclature sont connus de tous les chasseurs : ils appartiennent à notre faune.

Le **Blaireau** (*Meles taxus*, Schr.).
Le **Putois** (*Mustela putorius*, Lin.).
La **Loutre** (*Lutra vulgaris*, Erxl.).
Le **Renard** (*Canis vulpes*, Lin.)
L'**Ecureuil** (*Sciurus vulgaris*, Lin.).
Le **Lapin** (*Lepus cuniculus*, Lin.).
Le **Sanglier** (*Sus scrofa*, Lin.).

Ce sont les déprédateurs de la basse-cour, du gibier des cours d'eau et de la grande et petite culture.

Pourtant l'un d'eux, le Sanglier (*Sus scrofa*, Lin.) n'avait pas reparu dans notre département depuis plus d'un siècle.

---

(1) Paul Cazalis de Fondouce. Contribution à une faune historique du Bas-Languedoc. *Bull. Soc. lang. de Géographie.* 1899.

(2) Un magnifique squelette de l'Ours des Cavernes (*Ursus spæleus*, Rosenmuller) existe dans la collection géologique Emilien Dumas, au Muséum. Il provient de la grotte du Fort, à Mialet (Gard).

Vincens et Baumes (1) ne le mentionnent pas dans la liste des quadrupèdes non *adomestiqués* du territoire de Nimes. Crespon, en 1844, n'en fait pas non plus mention comme s'y trouvant.

Il y a quelques années seulement que ce pachyderme a fait quelques incursions chez nous, puis, petit à petit, s'y est établi et par sa multiplication y est même devenu commun aujourd'hui.

Le Sanglier est nomade par nature, il va selon sa fantaisie. De même que le Loup, il franchit les plus grandes distances sans connaître d'obstacles. Si, dans ses courses nocturnes le hasard le conduit dans un champ cultivé, il défonce le sol, ravage tout à tort et à travers et détruit en quelques instants dix fois plus de récolte qu'il n'en faudrait pour le nourrir.

C'est pour cette raison que, comme pour le Loup, on lui fait l'honneur d'organiser des battues afin de se débarrasser d'un hôte si incommode.

Les déboisements ou reboisements opérés par l'homme sont une des causes principales de disparition ou d'apparition d'animaux en ce qu'ils apportent des modifications dans la nature des milieux où ils avaient coutume de vivre.

On sait que les Préfets, de concert avec les Conseils généraux, prennent toutes les dispositions relatives à la chasse et déterminent la nomenclature des animaux malfaisants et nuisibles pouvant être détruits en tout temps, selon les besoins des localités, de même qu'ils peuvent, à l'égard de certains animaux, en interdire la chasse, la capture et la destruction afin d'en assurer, dans l'avenir, la conservation.

Tel est le cas du CASTOR DU RHONE (*Castor fiber*, Lin.), dont j'ai obtenu des Pouvoirs Publics, en 1909, la protection absolue en comprenant cet intéressant rongeur dans la nomenclature des animaux dont la chasse doit être *interdite en tout temps*. Un article additionnel à l'arrêté règlementaire permanent sur la police de la chasse pour les départements du Gard, de Vaucluse et des Bouches-du-Rhône, interdit, en effet maintenant, la chasse, la destruction et la

---

(1) Vincens et Baumes. *Topographie de la ville de Nismes et de sa banlieue.* Nismes, 1802.

capture du Castor lequel est localisé dans le bas Rhône et ses affluents, le Gardon, par exemple.

Comme conséquence de ce qui précède, j'ose donc espérer que M. le Préfet du Gard et le Conseil général voudront bien supprimer de la nomenclature des animaux malfaisants et nuisibles : le LOUP et l'OURS qui n'existent plus dans notre département ; la CIVETTE qui n'existe pas en France (on ne la trouve qu'en Afrique) et y laisser subsister la *Marte* et l'*Hermine* comme pouvant se rencontrer un jour dans le Gard à la suite des travaux de reboisements qui s'exécutent dans nos Cévennes reliant celles-ci aux Cévennes de l'Ardèche, de la Lozère et de l'Aveyron.

Voici donc comment pourrait être rectifiée la nomenclature des animaux malfaisants et nuisibles :

ANIMAUX MALFAISANTS ET NUISIBLES. — MAMMIFÈRES

Le Blaireau.	La Genette.
La Marte.	Le Renard.
La Fouïne.	Le Chat sauvage.
Le Putois.	Le Chat vagabond.
L'Hermine.	L'Ecureuil.
La Belette.	Le Lapin.
La Loutre.	Le Sanglier.

De cette manière, cette nomenclature serait tout à fait en rapport avec la faune des mammifères sauvages telle qu'elle existe actuellement dans le département du Gard.

Novembre 1910.

COMPTE-RENDU DES SÉANCES

(Extrait des procès-verbaux)

Séance du 21 Janvier 1910

Zoologie. — M. Galien Mingaud mentionne la découverte faite en septembre 1909 par M. le Dʳ R. Jeannel, d'un *Diaprysius* nouveau, qu'il a trouvé dans la grotte du Serre de Barri, de Sᵗ-Ferréol, sur la rive gauche du cagnon de la Cèze, commune de Saint-Privat-de-Champclos, canton de Barjac (Gard). Ce silphide cavernicole a été décrit sous le nom de *Diaprysius Fagniezi* Jeannel (Paris, *Bull. Soc. Ent.* 1910, p. 12).

M. le Dʳ Jeannel, en compagnie de M. Racovitza, a visité également la grotte du cimetière de Tharaux, et y a retrouvé le *Diaprysius* découvert par notre collègue, M. Mazauric, en août 1902. Ce coléoptère nouveau fut décrit par M. Valéry-Mayet, *Diaprysius Mazaurici* (Paris, *Bull. Soc. Ent.* 1903, p. 139).

M. G. Mingaud dit qu'il eut la bonne fortune de capturer cet insecte, au cours d'une visite à la grotte du cimetière de Tharaux, en avril 1904, lors d'une excursion conduite par M. Mazauric. Depuis, le *Diaprysius Mazaurici* a été recueilli dans cette même grotte par M. le Dʳ Chobaut (*Exploration zoologique de la grotte de Tharaux* (Gard). *Bull. Soc.* 1903, p. 85-90).

Séance du 18 Février 1910

Zoologie. — M. G. Mingaud annonce qu'il a été tué, le 23 janvier, dans les gorges du Gardon, à La Baume, un Aigle fauve magnifique, vulgᵗ aigle royal, en patois *Eglo négré*.

Séance du 8 avril 1910.

Zoologie. — M. Galien Mingaud dit qu'il a été tué, le 24 mars 1910, par M. Elie Durand, dans les marais des environs de Beaucaire, un Goëland rieur, ayant à l'une de ses pattes une bague en aluminium portant l'inscription suivante : *Ornitk. 1243, Budapest*.

De renseignements ultérieurs que M. G. Mingaud a eus du Directeur du Bureau central ornithologique de Hongrie, à qui il avait immédiatement annoncé cette capture, il résulte que ce Goëland avait été lâché avec beaucoup d'autres jeunes oiseaux bagués de cette espèce, en juin 1909, du lac Voleucre, près Budapest. La distance de Budapest à Nimes est d'environ 1800 kilomètres. Cet oiseau a donc vécu environ dix mois en pleine liberté.

Le but du marquage de ces palmipèdes était l'étude de leur migration : on sait maintenant, par la capture de l'un d'eux dans notre pays, qu'ils passent pendant l'hiver à l'occident.

M. G. Mingaud ajoute que plusieurs établissements ornithologiques en Europe capturent des milliers d'oiseaux qui sont ensuite relâchés, après avoir été dûment munis à l'un de leurs tarses d'une petite bague en aluminium, portant un certain nombre d'indications. C'est là le seul moyen pratique d'avoir des renseignements précis faisant connaître les hivernages et les routes de migration de nos oiseaux de passage qui sont encore peu connus. Dans notre région, les marais de Saint-Gilles, d'Aiguesmortes, de la Camargue, curieuse contrée qui étonne le naturaliste, si riches en oiseaux migrateurs, se prêteraient fort bien à de pareilles expériences.

M. G. Mingaud engage donc toute personne qui prendrait un oiseau ayant une bague à l'une de ses pattes, à envoyer la dite bague à l'adresse de la Station ornithologique qu'elle porterait, en l'accompagnant d'une lettre donnant le lieu, l'époque et les détails de la capture. Elle rendrait ainsi service à la science, en collaborant à l'étude de la migration des oiseaux.

M. Galien Mingaud mentionne la capture accidentelle d'un Castor (noyé dans un filet de pêcheur), le 29 janvier, sur les bords du Rhône, près Arles. Dans la fourrure de cet animal, que M. J. Ferrand a naturalisé, il a été trouvé 7 *Platypsillus castoris* vivants.

M. G. Mingaud dit encore qu'il a appris qu'un Castor adulte avait été tué le 8 février dans le Rhône, aux environs de Port-Saint-Louis, par des mariniers qui l'ont mangé et qu'un autre Castor adulte avait été capturé par un pêcheur, le 1er avril, à l'île du Sablas, près Beaucaire.

Séance du 29 Avril 1910

Zoologie. — M. G. Mingaud mentionne qu'il a aperçu quelques Martinets dès le 14 avril, mais que le gros des bandes n'est arrivé à Nimes que le 21.

Séance du 13 mai 1910.

Botanique. — M. Galien Mingaud mentionne qu'au cours d'une excursion faite, le 27 avril, dans les environs de Castelnau-Valence, en compagnie de MM. Ernest de Valfons et Félix Mazauric, M. de Valfons leur fit admirer, dans le parc du château, un énorme Genévrier-Cade, mesurant, à 1 mètre du sol, 3 mètres 80 de circonférence, et, à cette occasion, il rappelle les deux autres Cades remarquables de notre département, celui de Rochefort-du-Gard qui mesure, à 1 mètre du sol, 2 mètres 40 de circonférence et celui de Salinelles qui est le plus gigantesque de tous puisqu'il atteint à 1 mètre du sol, 4 mètres 40 de circonférence.

M. G. Mingaud signale au sujet des arbres remarquables du département du Gard, l'intéressante Notice que publia sur quelques-uns d'entr'eux, vers 1840, L.-A. d'Hombres Firmas, (1) d'Alais (1776-1857), un des naturalistes les plus érudits de notre région.

Il existe certainement encore de fort beaux arbres, qu'il serait intéressant de connaître, avant que la décrépitude ou la cognée des bûcherons les ait fait disparaître.

La Société serait reconnaissante envers ceux de nos collè-

---

(1) Recueil de Mémoires et d'Observations de Physique, de Météorologie, d'Agriculture et d'Histoire naturelle. 7 parties. Nismes (1838-1856).

gues qui pourraient lui fournir des renseignements sur les beaux et vieux arbres qui existent encore dans nos environs.

Séance du 8 Juillet 1910

Zoologie. — M. Galien Mingaud signale la capture qu'il fit, le 23 juin dernier, sur un genèt épineux, d'un exemplaire de *Leptynia hispanica* ♀ Bolivar, dans une herme, au mas des Gardies, route de Sauve. Cet orthoptère est nouveau pour la faune du Gard.

Cette *Leptynia*, gardée vivante, a été confiée aux bons soins de notre collègue M. Paul Bérenguier qui, ainsi qu'on le sait, étudie avec beaucoup de zèle la biologie des orthoptères.

M. G. Mingaud nous apprend en même temps que ces jours derniers, à propos de cette intéressante capture, M. Paul Bérenguier, examinant au Muséum le carton contenant les Bacilles pris par lui dans ses excursions aux environs de Nimes, reconnut parmi eux une *Leptynia hispanica*. Celle-ci, d'après son étiquette, avait été capturée par M. G. Mingaud, au bois des Espeisses, le 6 juillet 1892.

Or, c'était donc la deuxième en sa possession et il était bon de rappeler la première capture remontant à 18 ans.

Séance de rentrée du 7 octobre 1910.

Zoologie. — M. Galien Mingaud dit que le gros des bandes de Martinets est parti le 3 août. Ces oiseaux ont séjourné cette année à Nimes, 106 jours. Il ajoute qu'il a vu tournoyer dans les airs, dans l'après-midi du 13 août, vers 6 heures du soir, une bande séparée de Martinets, sans pouvoir préciser la direction qu'ils auraient prise. Une autre fois, le 28 août, vers 10 heures du matin, M. Mingaud aperçut, grâce aux cris perçants qu'ils jetaient en se poursuivant, un autre vol de Martinets, assez important; mais il disparut comme par enchantement.

M. Galien Mingaud mentionne la capture faite le 23 septembre, par M. L. Bonnis, gardien au Muséum, de *Saga serrata* ♀ adulte, dans un mazet au quartier du Puits-du-Roulle.

Il ajoute qu'il a signalé pour la première fois *Saga serrata* aux environs de Nimes, il y a vingt ans (28 mai 1890), et que depuis qu'il a fait connaître cet orthoptère, celui-ci a été pris dans plusieurs localités du Gard. Il rappelle, à cette occasion, la biologie de cette belle locustide, d'après ses propres observations et celles de notre excellent collègue, M. Paul Bérenguier, publiées, les unes et les autres, dans la collection de notre *Bulletin* (1893-1894-1905-1907).

M. G. Mingaud montre un papillon (*Charaxes Jasius* ♀) ayant les ailes abimées, qui a été pris par son fils Louis, le 26 septembre, voletant près du sol, en plein intérieur de notre ville, dans la rue des Marchands. M. Mingaud rappelle, à cette occasion, qu'en 1901 et au mois d'août, il prit à la main, dans la rue Guizot, un superbe *Charaxes*, qui s'était s'était posé à côté d'une flaque d'eau sale.

D'après les diverses captures que notre collègue nous a signalées de ce bel Apaturide, depuis 1899 jusqu'à ce jour, aux environs de Nimes et ailleurs dans le département, ainsi que d'après celles de notre collègue M. l'abbé Albisson, à Prime-Combe, près Sommières, il est bien avéré maintenant que *Charaxes Jasius* est acquis à notre faune, puisque sa chenille ne vit et accomplit toutes ses métamorphoses que sur une seule plante, l'Arbousier, arbrisseau très répandu dans le Gard.

M. G. Mingaud signale, à cause de sa rareté et du lieu où il était, la capture dans la matinée du 5 octobre, par M. Félix Mazauric, dans la cour du Musée lapidaire, d'un magnifique Sphinx du Laurier-rose (*Deilephila nerii*, Lin.), de toute fraîcheur. Il venait d'éclore et se trouvait plaqué dans l'encoignure d'une pierre sculptée. La chenille de ce Sphinx vit surtout sur le Laurier-rose, mais aussi sur la Pervenche. Or, deux massifs de Pervenche existent dans la cour du Musée lapidaire : celle-ci a dû y vivre et y subir ses métamorphoses. De minutieuses recherches n'ont pu lui faire découvrir d'autres papillons ni de chenilles.

Quant à l'introduction de l'œuf ou de la chenille qui a donné le papillon capturé, elle peut s'expliquer par l'apport de plants de Pervenche, fait dans le cours de l'année et où se

serait trouvée la petite chenille, plutôt qu'une ponte d'œufs
par une femelle qui serait venue dans la cour.

Le Sphinx du Laurier-rose, ainsi que plusieurs autres
Sphingides qui appartiennent à des régions plus chaudes
que la nôtre, se capturent quelquefois dans les environs de
Nimes ou dans notre département. Ces lépidoptères sont
erratiques, c'est-à-dire de passage irrégulier chez nous. Ils
jouissent d'une puissance de vol incomparable. Comme beaucoup d'espèces animales, ils sont assez communs pendant
plusieurs années, puis ne reparaissent plus de quelque
temps, sous l'influence de causes qui échappent à l'obser-
vateur.

Géologie. — M. G. Mingaud présente à l'Assemblée des
paillettes d'or recueillies sous ses yeux, provenant d'une
exploitation nouvelle, dite « des Mines d'or de La Gagnière »,
que dirige M. A. Reynard, ingénieur.

La rivière de Gagnière est connue de temps immémorial
comme recélant des paillettes, et nombreux étaient les
orpailleurs, il y a encore une cinquantaine d'années.

L'abbé de Gua de Malves, qui fut un des pionniers de la
prospection aurifère, publia, en 1764, sur cette région et les
autres rivières du Gard roulant de l'or, un ouvrage
remarqué et de nos jours encore très estimé par les cher-
cheurs d'or.

Mais c'est à Emilien Dumas que l'on doit de savoir,
comme il le démontra dès 1846, que le gisement primitif
des paillettes de La Gagnière, de la Cèze et du Gardon
d'Alais était le conglomérat houiller lui-même et qu'au delà
ces rivières ne sont plus aurifères.

M. Galien Mingaud présente ensuite des échantillons de
mispickel aurifère provenant de filons des environs de Saint-
Jean-du-Gard. La teneur en or, aux affleurements des filons,
n'est pas assez forte pour engager une exploitation, du moins
actuellement.

Séance du 21 octobre 1910.

Zoologie. — M. Galien Mingaud signale un abondant passage de Geais dans les environs immédiats de Nimes. On en a aperçu dès le commencement d'octobre. D'ailleurs, ces oiseaux se laissent facilement reconnaître à leur pétulance et à leurs cris bruyants.

De même, il a été observé dans les environs de Nimes un passage de becs-croisés, de juillet à septembre ; et les jolis petits tarins, si familiers, sont actuellement abondants. Les chasseurs affirment que ces oiseaux n'apparaissent en nombre que tous les cinq ans. Il y aurait lieu, par de nouvelles observations, de vérifier l'exactitude de cette assertion.

Séance du 11 novembre 1910.

Zoologie. — M. Galien Mingaud signale la recrudescence de l'invasion des Sangliers dans notre département. Il en a été vu dans nos garigues, à quelques lieues de Nimes. Ces animaux, extrèmement nuisibles à l'agriculture, peuvent être chassés en tout temps.

M. G. Mingaud mentionne la capture qu'il a faite d'un coléoptère longicorne, assez rare chez nous, le *Criocephalus ferus*. Celui-ci vint se faire prendre le soir du 3o octobre, vers 9 heures, autour d'une lampe, dans l'intérieur d'un appartement.

MUSEUM

Ainsi que nos concitoyens peuvent s'en rendre compte par les rapports que je publie annuellement, les entrées d'objets au Muséum se multiplient.

La Société et le Muséum ont de longue date des liens si étroits que l'un devient le complément indispensable de l'autre.

Notre Muséum est avant tout un Musée régional. C'est ainsi que l'avait compris mon vénéré prédécesseur et ami M.

Clément Stanislas (1828-1902), notre regretté président honoraire, son créateur-fondateur ; et c'est le même but que je
poursuis.

On ne peut se lasser de rendre hommage à la mémoire de
cet homme laborieux et éminent qui sut dès 1880, au milieu
de difficultés sans nombre, retrouver les anciennes collections données à la ville par de généreux savants (1), les
approprier, les classer, ne ménageant jamais sa peine pour
doter notre ville d'un établissement scientifique dont nos
concitoyens, à bon droit, peuvent être fiers.

----

(1) 1793 Séguier Jean-François, de Nimes (1703-1784), célèbre archéologue et
naturaliste, correspondant de l'Académie royale des inscriptions et
belles-lettres et de l'Académie royale des sciences, secrétaire per-
pétuel de l'Académie de Nimes.
1824 Dr Amoreux Pierre-Joseph, de Beaucaire (1741-1824), ancien professeur d'histoire naturelle à l'Ecole centrale de Montpellier.
1824 Vicomte de Villiers du Terrage Paul-Etienne, de Versailles (1774-
1858), ancien préfet du Gard, ancien pair de France.
1858 Mingaud Hilaire-Philippe, de Vauvert (1819-1904), pharmacien naturaliste, à St-Jean-du-Gard.
1865 Crespon Jean, de Nimes (1797-1857), fondateur du Cabinet de Zoologie.
1876 Fontayne Thomas, de Nimes (1820-1877) ébéniste.

Imprimé par

" LA LABORIEUSE "

ASSOCIATION OUVRIÈRE

7, Rue J.-B.-A. Godin, 7

NIMES

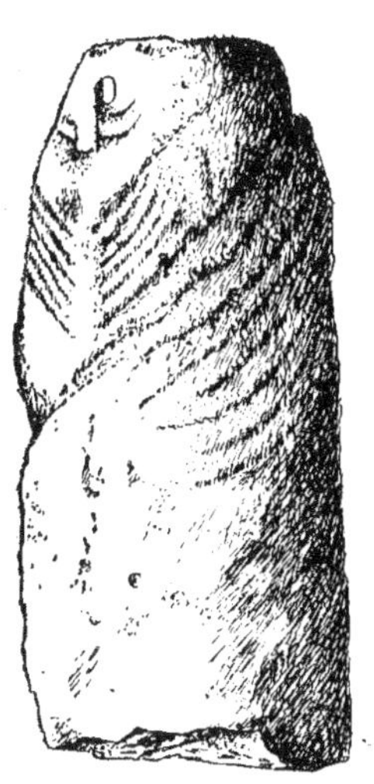

Statue-Menhir de Bragassargues (Gard)

Vue de face et de 3/4

Hauteur 51 cent., largeur 26 cent., épaisseur 16 cent.

LABORATOIRE DE ZOOLOGIE APPLIQUÉE

Il est créé au Muséum un laboratoire de zoologie appliquée
à l'étude des insectes et autres animaux nuisibles à l'agriculture. Le Conservateur se met gracieusement à la disposition
des agriculteurs, horticulteurs, industriels et en général de
toutes les personnes qui désirent avoir des renseignements
concernant les moyens à employer pour leur destruction.

M. G. Mingaud prie les personnes qui voudraient avoir
recours au laboratoire du Muséum de Nimes de lui envoyer :

1° L'animal vivant ou conservé dans l'alcool.

2° Des échantillons de la plante attaquée, soigneusement
enveloppés.

3° Faire connaître l'époque d'apparition des dégâts causés.

4° Enfin, donner toutes les indications que l'on aura pu
recueillir au sujet de l'animal et de ses mœurs et, si possible,
ajouter le nom vulgaire ou patois sous lequel il est connu dans
la localité.

La Conservation du Castor du Rhône

Le Conseil général du Gard, dans sa séance du 19 avril 1909,
a voté l'interdiction de la chasse du castor. L'article 11 de
l'arrêté réglementaire permanent sur la police de la chasse
dans le département est ainsi conçu :

« ARTICLE 11. — La chasse, la destruction, la capture du
Castor sont interdites toute l'année ».

www.ingramcontent.com/pod-product-compliance
Lightning Source LLC
LaVergne TN
LVHW020639180726
843502LV00006B/2127